ABHANDLUNGEN DER DEUTSCHEN AKADEMIE
DER WISSENSCHAFTEN ZU BERLIN

Klasse für Chemie, Geologie und Biologie
Jahrgang 1959 Nr. 6

THEODOR MUSTERLE

GRENZEN DER BILANZIERUNG DER WASSERWIRTSCHAFT

Mit 1 Abbildung

AKADEMIE-VERLAG · BERLIN
1959

Vorgetragen von Hrn. MUSTERLE in der Mehrklassensitzung am 4. Dezember 1958
Zum Druck genehmigt am gleichen Tage, ausgegeben am 27. Juni 1959

Erschienen im Akademie-Verlag GmbH, Berlin W 1, Leipziger Straße 3—4

Lizenz-Nr. 202 · 100/726/59
Gesamtherstellung: VEB Druckerei „Thomas Müntzer“ Bad Langensalza
Bestell- und Verlagsnummer: 2001/59/II/6
Preis: DM 1,80
Printed in Germany
ES 20 E 7

Seit etwa 100 Jahren, besonders deutlich seit der Jahrhundertwende, treten, bedingt durch das rasche Wachstum von Bevölkerung und Industrie, die Aufgaben, aber auch die Schwierigkeiten der Gewinnung, Verteilung, Nutzung und Ableitung von Wasser immer stärker in Erscheinung. Die Nutzung der Wasserenergie wurde durch die Entwicklung der Elektrotechnik und damit der Fernübertragung der Energie im größten Umfange ermöglicht und hat ursächlich zur komplexen Erschließung ganzer Wassereinzugsgebiete beigetragen, wodurch die *Mehrzweckeanlagen* der Großraumwasserwirtschaft und des Großwasserbaues erforderlich wurden. Beispiele hierfür sind in USA der Ausbau des Tennessee, des Sacramento und Colorado, in der SU der Ausbau der Wolga und der Angara, die Planungen für den Jenissei, ferner die Ausbaumaßnahmen in den wirtschaftlich zurückgebliebenen Ländern, von denen nur Indien und Ägypten — Sudan mit den in weiten Kreisen bekannten Großprojekten für die Landbewässerung genannt seien.

Bei diesen und ähnlichen Vorhaben und Projekten hat sich entsprechend dem zunehmend schnelleren Rhythmus der Entwicklung das Schwergewicht des Interesses von der Energiegewinnung immer stärker auf die Wasserversorgung von Bevölkerung und Industrie sowie die landwirtschaftliche Bewässerung verlagert; in den tropischen und subtropischen Gebieten starker Siedlungsdichte spielt die letztere die Hauptrolle, während in den gemäßigten Klimazonen mit wenigstens 500 bis 700 mm Jahresniederschlägen, die meist auch günstig auf die Wachstumsperiode verteilt sind, die landwirtschaftliche Bewässerung zunächst von geringerer Bedeutung ist. Der Schutz von Mensch, Siedlung und Land vor den verderblichen Hochfluten ist stets in mehr oder weniger ausgeprägter Gestaltung in die Lösung mit einbezogen. An Großmaßnahmen der Wasserversorgung treten die 100jährigen Anlagen der Stadt Berlin auf örtlicher Grundwasserbasis deswegen in Erscheinung, weil diese durch die starke Inanspruchnahme und die industrielle Beanspruchung von Wasser und Untergrund schon in naher Zukunft einer ernsten Gefährdung ausgesetzt scheinen. Die Talsperrenanlagen im Harz mit der Fernversorgung nach Bremen und nach dem mitteldeutschen Raum von Halle bis Magdeburg, das Ringnetz aus den Niederungen des Elbtales bei Torgau-Pretsch, die Großversorgung des Lausitzer Braunkohlengebietes und insbesondere auch die Fernversorgung Stuttgarts aus dem Bodensee sind typische Vertreter des Ferntransportes von Wasser aus Überschußgebieten in die Mangelgebiete.

Die Intensität der Wassernutzung, insbesondere durch die Industrie, die wir auch in der DDR zu verzeichnen haben, hat in steigendem Maße zu Störungen des Wasserkreislaufes geführt.

Diese Störungen des Wasserkreislaufes haben die Hygieniker, Natur- und Heimatfreunde, die Landschaftsgestalter und -gärtner, Land- und Forstwirte, Ingenieure, Chemiker, Biologen usw. auf den Plan gerufen zum Kampf gegen Erosion, Holzeinschlag, Wiesenumbruch, gegen Entwässerung, Begradigung der Wasserläufe, vor allem aber gegen die Einleitung der Abwässer durch Industrie und Wirtschaft sowie durch die großen Siedlungen, ganz allgemein gegen die Technisierung unserer Landschaft im weitesten Sinne, die in irgendeiner Form mit dem Wasser in Verbindung steht.

Der Standpunkt der Großindustrie zum Abwasserproblem in der DDR ist sehr charakteristisch durch Herrn Lorenz vor einiger Zeit in der Akademie der Wissenschaften zum Ausdruck gebracht worden, wenn er sagt, daß die Industrie sich ohne weiteres zu den allgemeinen Pflichten aller Wassernutzer, der sparsamen Verwendung des Wassers, der Abwasseraufbereitung, bekennt, daß sie sich jedoch dagegen sträubt, Millionen DM für Anlagen und Verfahren auszugeben, und daß sie die Forderungen der Wasserwirtschaft für übertrieben hält [1].

Demgegenüber ist festzustellen, daß die Regierung der DDR ganz eindeutig die Notwendigkeit erkannt hat, ernsthaft an die Bereinigung des Problems der Abwasserreinigung und -beseitigung heranzugehen, und daß der eindeutige Wille besteht, die dafür benötigten Millionenbeträge unter der Voraussetzung der Anwendung der modernsten Technik Zug um Zug nach volkswirtschaftlicher Dringlichkeit und finanzieller Möglichkeit zur Verfügung zu stellen. Weite Kreise der Industrie und Wirtschaft und der Wissenschaft, insbesondere Chemiker und Biologen, Technologen und Projektanten stehen dem Abwasserproblem aufgeschlossen gegenüber und arbeiten auf diesem Gebiet. Die für Finanzen und Planerfüllung Verantwortlichen sind jedoch noch nicht in vollem Umfange und zutiefst davon überzeugt, daß die Wirtschaft sich nur selbst schädigt, wenn das Abwasserproblem nicht bald und konsequent einer Lösung entgegengeführt wird.

Die Aufklärung dieser Kreise und die Einbeziehung weitester Teile von Wissenschaft, Wirtschaft und der Bevölkerung muß daher in den nächsten Jahren eine Hauptaufgabe sein, um alle Mittel von Forschung und Praxis für die Erhaltung des Wassers, das in Westdeutschland als „Sorge Europas" bezeichnet wurde, einzusetzen.

Die Kennzeichnung der *Aufgaben* der Wasserwirtschaft als: „Bereitstellung und Verteilung des Wasservorkommens für und an die verschiedenen Interessenten am Wasser nach dem volkswirtschaftlichen Optimum sowie die schadlose Ableitung des natürlich anfallenden und des durch den Gebrauch beanspruchten Wassers" charakterisiert die Vielseitigkeit ihrer diffizilen Funktionen und Verbindungen sowie ihre Auswirkungen auf wirtschaftlichem Gebiet über den technisch-wissenschaftlichen Rahmen hinaus.

Eine Übersicht über den derzeitigen Zustand, die Beziehungen und die Auswirkungen des Wasservorkommens gibt die *Bilanzierung*, die im sozialistischen Wirtschaftssystem der DDR Grundlage der Planung ist. Die Schwierigkeit einer solchen Bilanzierung des Wasserhaushaltes liegt darin, daß sie den *Stoff Wasser* in seinem örtlich und zeitlich wechselnden Anfall, in seiner physikalischen, chemischen und biologischen Beschaffenheit, in seinen Auswirkungen als Naturkraft ebenso zu berücksichtigen hat wie in seiner Unentbehrlichkeit für die Erhaltung des tierischen und pflanzlichen Lebens und in seiner Funktion als Produktionsmittel, soweit es zur Zeit in wirtschaftlicher Weise nicht austauschbar und nicht ersetzbar ist. Neben den primär zu erfassenden lebensnotwendigen Verwendungszwecken hat die Bilanz das Wasser auch in seiner entwicklungsfördernden Eigenschaft als Transportmittel für den Verkehr und als Energieträger für die Energiewirtschaft je nach dem Grad der Beeinflussung des natürlichen Wasserkreislaufes und der Abhängigkeit von diesem zu untersuchen. Die *Gesamtbilanzierung* der Wasserwirtschaft stützt sich als Basis auf die *Bilanzierung nach der Menge*, d. h. auf die Gegenüberstellung von Wasserdargebot und Wasserinanspruchnahme, unter der Bedarf, Gebrauch und Verbrauch zu erfassen sind. Daneben sind in der Gesamtbilanz aber auch Wirtschaftlichkeitsuntersuchungen, welche die *unterschiedliche Beschaffenheit* des Wasservorkommens, die unterschiedlichen Güteansprüche der Wassernutzer und die Kosten für die zu errichtenden Wasserreinigungs- und Aufbereitungsanlagen umfassen, zu berücksichtigen, ferner die *Schadenswirkungen* des Wasservorkommens in Gegenüberstellung zu den Aufwendungen und Auswirkungen der Schutzanlagen.

Die *Mengenbilanz* setzt in erster Annäherung das durch den Menschen nicht oder nur unwesentlich beeinflußbare Wasserdargebot dem aus den Niederschlägen verbleibenden *Abfluß* gleich. Er beträgt in der DDR im Mittel langer Jahresreihen 140 mm gleich 15 Milliarden m^3

pro Jahr. Die Grenzwerte liegen bei etwa 40 und 200% des Mittelwertes. Die Wasserwirtschaft muß ihre Maßnahmen auf den Grenzwert für trockene Jahre abstellen, d. h. sie kann mit einem sicheren Dargebot von nur 6 Milliarden m³ pro Jahr rechnen.

Die *Wasserinanspruchnahme* setzt sich aus den Einzelwerten der Wasserentnahme für Bevölkerung, Industrie und Landwirtschaft zusammen. Zur Zeit beträgt die Wasserförderung in zentralen Wasserversorgungsanlagen der DDR für die angeschlossene Bevölkerung und das angeschlossene Gewerbe etwa 1 Milliarde m³ pro Jahr. Die sich aus Oberflächenwasser und Grundwasser selbst versorgende Industrie fördert zusätzlich etwa 3,3 Milliarden m³. Dazu kommt der Bedarf der Landwirtschaft für Bewässerungszwecke mit etwa 0,6 Milliarden cbm, so daß zur Zeit insgesamt bereits 4,9 Milliarden m³ in Anspruch genommen werden.

Aus der Gegenüberstellung der Werte ergibt sich, daß zwar in mittleren Jahren ein Überschuß von rd. 10 Milliarden m³ Wasser vorhanden ist, daß aber in trockenen Jahren bereits 80% des zum Abfluß kommenden Wassers beansprucht werden. Die sich daraus ergebende mittlere *Umschlagszahl von 0,8* erhöht sich in den Sommermonaten und in einigen besonders hoch beanspruchten Gebieten. Für das Gebiet der Weißen Elster und Pleiße kann schon heute mit Umschlagszahlen von 1,6 und sogar mehr gerechnet werden. Da 80% des in Anspruch genommenen Wassers als Abwasser wieder in Erscheinung treten, wird klar, daß in Trockenjahren, also in Zeiten der Wassernot Produktionsschädigungen und Produktionsausfälle aufgetreten sind. Zu beachten ist, daß die Gefährdung der Wasserversorgung der Industrie viel größer ist als die der Bevölkerungsversorgung, da für die zentrale Trinkwasserversorgung Grundwasser oder Speicherwasser aus den im oberen Teil der Gebirge liegenden Talsperren entnommen wird, die infolge ihrer Abgelegenheit in geringerem Maße der Verschmutzung ausgesetzt sind.

Die *künftige Wasserinanspruchnahme*, etwa in einem 30jährigen Zeitraum, also im Jahre 1985, setzt sich nach begründeten Schätzungen aus dem Trinkwasserbedarf der Bevölkerung mit rund 2 Milliarden cbm, der Gebrauchwasserentnahme der Industrie mit rund 10 Milliarden m³ und den Wünschen der Landwirtschaft mit rund 3 Milliarden m³ zusammen; er beträgt also 15 Milliarden m³ pro Jahr, d. h., daß in einem trockenen Jahr 9 Milliarden m³ Wasser fehlen, daß das vorhandene Wasser im Durchschnitt 2,5mal und in hoch beanspruchten Gebieten mindestens viermal umgeschlagen werden muß.

Für die Wasserwirtschaft der DDR ergeben sich daraus folgende *Konsequenzen*:

1. Zum Ausgleich des Wassers zwischen nassen und trockenen Monaten eines Jahres, insbesondere aber zwischen nassen und trockenen Jahren in längeren Zeiträumen sind Speicherräume von über 2 Milliarden m³ durch Bau von Talsperren und Rückhaltebecken bereitzustellen.
2. Die Reinigung der Abwässer muß in einem solchen Umfange betrieben werden, daß eine sofortige Wiederverwendung des Wassers beim Unterlieger möglich ist. Von der Wasserwirtschaft aus betrachtet ist die Abwasserbeseitigung nur eine Teilaufgabe, die der Deckung des Bedarfs an Wasser untergeordnet ist.
3. Mit dem Wasser muß sparsam umgegangen werden, insbesondere die Industrie mit ihrem immens hohen Wasserbedarf wird sich anstrengen müssen, zu wassersparenden und nach Möglichkeit sogar zu wasserlosen Produktionsverfahren überzugehen.
4. Die Standortbestimmung für neue Industrieanlagen muß auf den Untersuchungen über Wassermangel- und Wasserüberschußgebiete aufbauen und danach durch den Staat gelenkt werden.
5. Alle Möglichkeiten zur Erhöhung der Dargebotsseite durch Stärkung der Retention und Verlangsamung des Abflusses sind auszunutzen.

Die vorstehend angewandte vereinfachte Darstellung der meteorologischen, hydrologischen und planerisch-wirtschaftlichen Grundlagen ist notwendig, um einen verständlichen Überblick über die Situation der Wasserwirtschaft der ganzen DDR geben zu können; sie genügt aber auch vollauf, um für eine langfristige Perspektivplanung die vorstehend aufgeführten Folgerungen abzuleiten und Großmaßnahmen auf lange Sicht begründen zu können.

Ein wissenschaftlich einwandfreier Aufbau einer Bilanz ist nur für ein in sich geschlossenes Wassereinzugsgebiet möglich, wobei flächenmäßig Größenordnungen von 5000 bis 10000 km² noch eine Übersicht auch in größeren Details gestatten. Erst solche Untersuchungen geben einen Überblick über *Wassermangel-* und *Wasserüberschußgebiete*, auf denen sich Möglichkeit und Notwendigkeit von Großanlagen für den *Ferntransport* von Wasser herleiten.

Wenn wir uns auch für die nächsten Jahre aus Mangel an Unterlagen mit einer solchen Näherungsbilanz begnügen müssen, so muß doch schon jetzt eine Übersicht über Wert und Zuverlässigkeit der einzelnen Faktoren und damit über die zur Verbesserung der Bilanzierung einzuschlagenden Wege, ferner über wissenschaftlich-technische und wirtschaftliche Maßnahmen zur erhöhten Nutzung des Wasserdargebotes und zur Verhütung verschwenderischer Inanspruchnahme versucht werden.

Die Angaben für den *Wasserbedarf* sowohl von Bevölkerung wie Industrie sind in einem sozialistischen Wirtschaftssystem mit geplanter Entwicklung des Siedlungswesens und der Wirtschaft naturgemäß viel leichter zu beschaffen als bei der „*freien* Wirtschaft" eines kapitalistischen Systems. Die bisher für die DDR eingesetzten Zahlenangaben basieren bis zum Jahre 1965 auf den Ermittlungen größerer Betriebe und der einzelnen Wirtschaftszweige; sie umfassen also schon sehr weitgehende Ausarbeitungen und Vorstellungen für den Siebenjahrplan bis zum Jahre 1965. Einige Werte konnten auch von den Wirtschaftszweigen bis zum Jahre 1970 bzw. 1975 beigesteuert werden. Die neuen Perspektiven der sozialistischen Entwicklung, ausgehend von dem großzügigen Siebenjahresplan der Sowjetunion und der Zusammenarbeit mit ihr, insbesondere in der chemischen Industrie, lassen aber schon jetzt eine Erhöhung der Bedarfszahlen für das Jahr 1965 erwarten. Die Bedarfsangaben für die späteren Jahre sind — abgesehen von den eben erwähnten Ausnahmen — im wesentlichen statistisch durch Extrapolation gewonnen; ihr Genauigkeitsgrad entspricht also nicht mehr dem der Zahlenwerte des Jahres 1965. Die Wasserwirtschaft kann aber mit Rücksicht auf lange Bauzeit, lange Lebensdauer, hohen Material- und Kostenaufwand, auf langfristige Vorausschau nicht verzichten. In der DDR und in den industriell hoch entwickelten Ländern des Westens ist es bisher der Wasserwirtschaft nie oder höchstens in einigen Ausnahmefällen gelungen, einen Vorsprung zur Schaffung von Reserven zu erreichen; sie hinkt fast überall der Entwicklung nach. Demgegenüber bilden die großzügigen, in ihren Anfängen schon auf Lenin zurückgreifenden, wasserenergetischen und wasserwirtschaftlichen Planungen und Maßnahmen der SU ein beachtens- und nachahmenswertes Gegenbeispiel; die Schaffung der Wasser- und (Wasser)energiebasis geht der landwirtschaftlichen und industriellen Entwicklung voran, wie dies bei dem Ausbau der Wolga zu Tage tritt. Im Vergleich mit anderen Ländern und im Hinblick auf die sozialistische Perspektive scheinen die für die DDR zugrunde gelegten Zahlen keinesfalls zu hoch zu sein. Die westdeutsche Industriestatistik ergibt von 1951 bis 1955, also in 4 Jahren, einen Zuwachs der Industrie-Wasserförderung von rund 35%; das würde in etwa 10 Jahren eine Verdoppelung der Wasserförderung bedeuten. Für das Jahr 1960 gab der Bundesminister Balke auf einer Tagung in Wien einen Wasserbedarf von rund 13 Md. m³ an, von denen 4 Md. m³ auf die öffentliche Wasserversorgung, 7 Md. m³ auf die Industrie und 2 Md. m³ auf die Landwirtschaft entfallen [2]. Gegenüber dieser Entwicklung bleibt die für die DDR eingesetzte Zuwachsrate um fast die Hälfte zurück, andererseits sind unsere absoluten Werte der Ausgangszahlen größer; die Unstimmigkeiten zwischen den beiden Bilanzen sind in ihren Einzelheiten zur

Zeit nicht erkennbar. Die Wasserwirtschaftler der beiden deutschen Staaten dürften aber, zurückschreckend vor den kostenmäßigen Auswirkungen dieser raschen Entwicklung, die Zuwachsraten eher zu niedrig als zu hoch eingeschätzt haben.

Unter Berücksichtigung aller positiv oder negativ zu bewertenden Unsicherheitsfaktoren ergibt sich für unsere staatlichen Dienststellen die Notwendigkeit,

1. die Entwicklung des Wasserbedarfs sofort und laufend unter Einschaltung der Wirtschaftszweige zu überprüfen und zu berichtigen,
2. der schon oben gestellten Forderung nach Entwicklung wassersparender und wasserloser Produktionsverfahren, insbesondere bei der Chemie, energisch Nachdruck zu verleihen,
3. die Abwasserreinigung bei allen industriellen Neuanlagen zu fördern und bei den bestehenden Hauptverschmutzern baldigst nachzuholen,
4. die Forschung auf allen Gebieten der Wasserwirtschaft mit allen beteiligten Wirtschaftszweigen zu koordinieren und planmäßig zu fördern. Die dafür vorhandenen Ansätze sind auszubauen und systematisch zu erweitern.

Noch komplizierter als die Unklarheiten des Wasserbedarfs sind die Naturvorgänge beim Abfluß und um den Abfluß, der zunächst als Wasserdargebot in die Bilanz eingeführt wurde, weil es sich dabei um dynamische Erscheinungen handelt, die von meteorologischen und biologischen Vorgängen, von hydrogeologischen, hydrologischen, orographischen und sonstigen anderen Gegebenheiten abhängen und sich gegenseitig beeinflussen.

Im allgemeinen wird der Abfluß in der bekannten Gleichung des Wasserhaushalts

$$A = N - V + B - R$$

ausgedrückt. Darin bezeichnen

A die Abflußhöhe
N die Niederschlagshöhe
B den Zuschuß aus dem Grundwasservorrat
R die Rücklagen im Grundwasservorrat in mm Wassersäule, bezogen auf die Gesamtgröße des erfaßten Einzugsgebietes.

Im Kreislauf selbst, der schematisch nach der Abb. 1 dargestellt werden kann, wird nur ein kleiner Prozentsatz des ganzen auf der Erde vorhandenen Wassers erfaßt.

Nach KALLE [3] verteilt sich das Wasser auf der Erde folgendermaßen:

Meer	83,51 %
Lithosphäre	15,45 %
Eis (Polargebiet und Hochgebirge)	1,007 %
Atmosphäre	0,0008 %
Süßwasser (Seen, Flüsse)	0,015 %
Grundwasser	0,015 %

Für den Kreislauf kommen die drei letzten Spalten in Betracht, d. h. etwa 0,031%. Die Dargebotsseite könnte also um jeden beliebigen Wert erhöht werden, wenn es gelingen würde, ihm aus den ruhenden Vorräten weitere Mengen hinzuzufügen. Zur Inganghaltung des Wasserkreislaufes wird bekanntlich etwa ⅓ der eingestrahlten Sonnenenergie aufgewandt. Aus dem für Westdeutschland gültigen neuesten Schema des Wasserkreislaufes nach der Abb. 1 geht hervor, daß der Anteil der Verdunstung über den Landflächen etwas größer ist als der aus der Meeresverdunstung zugeführte Anteil. Eine Vergrößerung des Anteils aus der Meeresverdunstung ist wegen der gleichbleibenden Flächen unmöglich. Die Verdunstung über den Landgebieten müßte durch Vergrößerung der Wasseroberfläche auf

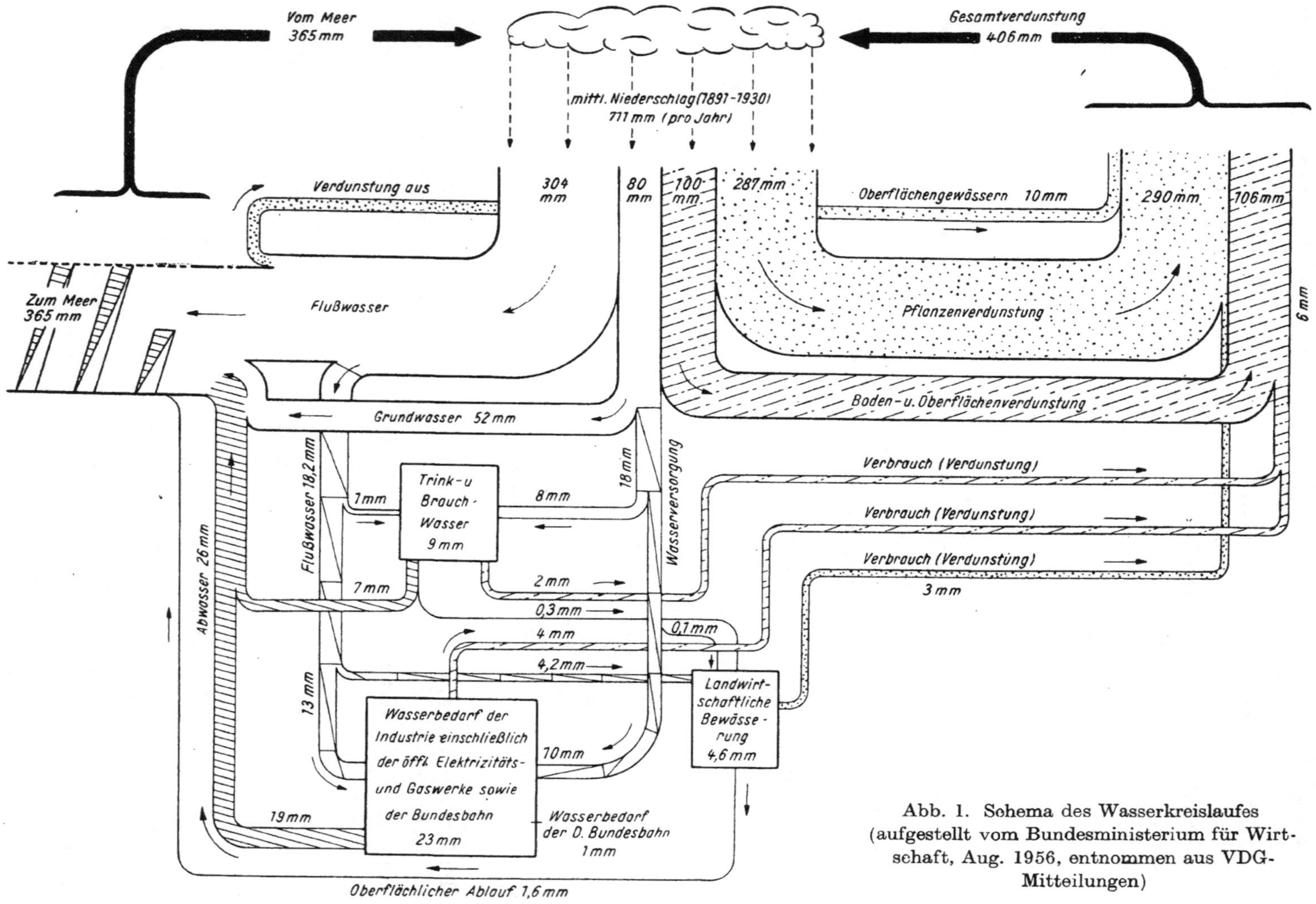

Abb. 1. Schema des Wasserkreislaufes (aufgestellt vom Bundesministerium für Wirtschaft, Aug. 1956, entnommen aus VDG-Mitteilungen)

diesen gesteigert werden. Wenn durch solche Maßnahmen praktisch der Gesamtwasserkreislauf der Erde zur Zeit nicht wesentlich beeinflußt werden kann, so könnte doch für bestimmte Gebiete eine Intensivierung des örtlichen Kreislaufs herbeigeführt werden. Der bekannte Davidowplan der sowjetischen Wasserwirtschaftler zur Auffüllung des Kaspischen Meeres durch Umleitung von Ob und Jenissei nach dem Süden macht von dieser Möglichkeit Gebrauch, um einerseits den Entzug von Bewässerungswasser aus der Wolga auszugleichen und andererseits den natürlichen Wasserkreislauf im Süden der Sowjetunion zu verstärken. Derartige großangelegte Möglichkeiten werden zwar verhältnismäßig selten sein, man wird aber derartige Wege auf lange Sicht weiterhin suchen müssen, um den zunehmenden Bedarf an Wasser abdecken zu können. Die vielfach geübte Methode der Beschleunigung des Wasserabflusses durch Begradigung der Wasserläufe und Entwässerung von Wasserstaugebieten wirkt im umgekehrten Sinne, und ist vom Standpunkt des Wasserwirtschaftlers aus nur mit äußerster Vorsicht anzuwenden.

Die kurz- und langperiodischen Schwankungen im Niederschlags- und Abflußverhalten werden durch die Schwankungen der Sonneneinstrahlung erklärt, von denen die rund 11jährige Periode der Sonnenfleckenmaxima und -minima gesichert ist. Ein Weg, um durch Ausnutzung meteorologischer evtl. sogar astrophysikalischer Erscheinungen den Durchschnittswert des Wasserkreislaufs nach seinem Maximum zu erhöhen, ist bis heute noch nicht erkennbar. Die Verstärkung der Pflanzentranspiration bei den großen Bewässerungsvorhaben, insbesondere in den subtropischen und tropischen Gebieten ergibt zwar eine Verstärkung der Landverdunstung, sie geht aber auf Kosten des Abflusses und damit auf Kosten des erfaßbaren Wasserdargebotes, so daß durch diese Großmaßnahmen die Schwierigkeiten der Wasserversorgung gesteigert werden. Dem Vorteil auf der landwirtschaftlichen Seite werden in früherer oder späterer Zeit erhebliche Nachteile der Wasserversorgung für Bevölkerung und Industrie entgegenstehen, wenn nicht rechtzeitig aus Überschußgebieten zusätzliche Wassermengen zugeleitet werden können. Hier wäre wiederum auf das Absinken des Kaspischen Meeres hinzuweisen.

Mit den Glacialzeitvorgängen waren langfristige Schwankungen des Wasserkreislaufes verbunden, deren Umfang und Auswirkungen in Bezug auf unsere Verhältnisse allerdings nicht auswertbar sind. Langfristige Perioden sollen nach Ansicht einiger Autoren auch zu den steinzeitlichen Menschenwanderungen und den Völkerwanderungen der ersten Jahrhunderte u. Z. beigetragen oder sie sogar ausgelöst haben. Ob wir uns heute in einem aufsteigenden oder absteigenden Ast einer langfristigen Änderung befinden, wird in kürzeren Abständen meist dann diskutiert, wenn extreme Trockenjahre oder Naßjahre auftreten, ohne daß hierüber endgültige Klarheit geschaffen werden konnte. Aus der Unsicherheit dieser Erkenntnisse heraus müssen wir uns mit der Übertragung des hydrologischen Ablaufes der letzten 50 Jahre bis maximal 100 Jahre auf vor uns liegenden Jahrzehnte begnügen. Eine örtliche Beeinflussung des Niederschlagswertes durch Impfung mittels Kondensationskernen ist zwar in den USA und der SU angeblich mit Erfolg ausprobiert worden, wegen der hohen Kosten aber zur Zeit nicht allgemein anwendbar. Die Methode wird über örtliche Auswirkungen nicht hinauskommen und wird bereits heute von den in Windrichtung liegenden Siedlungen, die regenlos bleiben, nicht widerspruchslos hingenommen.

Für das Gebiet der Deutschen Demokratischen Republik ergibt die Wasserhaushaltsgleichung mit abgerundeten jährlichen Durchschnittswerten bei einer Niederschlagshöhe von 570 mm (oder 60 Md. m^3) und einer Verlusthöhe von 430 mm (oder 45 Md. m^3) eine Abflußhöhe von 140 mm (oder 15 Md. m^3). Von der letzteren werden für den menschlichen Gebrauch zur Zeit die oben genannten 4,9 Md. m^3 (= 45 mm) in Anspruch genommen. Daß sich bei einer solchen im Verhältnis zum Niederschlag kleinen Größe auch der Fachmann sträubt, an bestehende oder kommende Wassernöte zu glauben, ist nur zu verständlich. Der

Gedanke, daß durch eine prozentuale geringfügige Minderung des Verlustwertes leicht eine ins Gewicht fallende Verbesserung der Abflußgröße erzielt werden könnte, liegt nahe.

Während N und A meßbare Größen darstellen und die Genauigkeit der Messung nur von der Dichte des Meßnetzes abhängig ist, ist der Wert V lediglich als Differenzbetrag zwischen beiden zu bewerten. Darüber dürfen die sogenannten Verdunstungsmessungen auch in Form der Lysimetermessungen nicht hinwegtäuschen. Langfristig betrachtet, beinhaltet der Differenzwert V die Verdunstung, kurzfristig betrachtet, Verdunstung und Versickerung. Dieser Versickerungsanteil führt zur Einführung des sogenannten Rücklagewertes R und des Aufbrauches B, die beide zusammen die Schwankungen der Grundwasservorräte und Grundwasserstände ergeben. Die Integrale A, N und R haben unter sich gleiche, aber von V und B verschiedene Zeitfaktoren. Eine interessante praktische Auswirkung dieser zeitlichen Verschiebung infolge der Speicherung im Grundwasser können wir in der Spree und im Lausitzer Kohlenrevier beobachten. Am Pegel Cottbus wurde festgestellt, daß durch die Einleitung der sogenannten Grubenwässer der Niedrigstwasserabfluß, der allerdings nur an wenigen Tagen im Jahr auftritt, um 1,6 m^3/s auf 3,2 m^3/s angereichert wurde. Die mit der Ausweitung des Bergbaues zu erwartende weitere Anreicherung aus Grubenwasser ist beinahe lebensnotwendig, da allein für den Kühlwasserbedarf der dort entstehenden Großkraftwerke ein Wasserverlust von 8 m^3/s angesetzt werden muß; die Energieerzeugung wird zu Kühlzwecken mehr Wasser benötigen als die Spree in Niedrigwasserzeiten überhaupt führt. Die Möglichkeiten und Auswirkungen der Speicherung im Grundwasser, der Verzögerung des Wasserabflusses, aber auch der Verringerung der Wasserführung in den Flüssen bei einem Versiegen der Grundwasserergiebigkeit zu untersuchen, kann nur durch eine gemeinsame Forschungsarbeit zwischen Hydrologie, Geologie, Wasserwirtschaft und Bergbau gelöst werden. Diese Fragen führen weiter zur Bemessung der Abwasserreinigungsanlagen in dem Kombinat Schwarze Pumpe. Es entscheidet Leben oder Tod des Spreewaldes und seiner Bewohner, in welchem Umfange die Spree mit Phenolen belastet wird. Mit größter Wahrscheinlichkeit wird das der Spree zugeführte Grubenwasser aus dem Bereich der Lithosphäre entnommen, der im allgemeinen nicht oder im vorliegenden Falle nur in sehr langen Zeiträumen an dem Wasserumsatz beteiligt ist. Es handelt sich also um ein zusätzliches Wasserdargebot und damit um eine echte Vergrößerung des Wasserkreislaufs von der Abflußseite her. Dabei ergibt sich jedoch sofort die Frage, wie lange wird diese zusätzliche Wasserquelle fließen und was geschieht, wenn sie erschöpft ist? Sie ist natürlich in erster Linie von der Lagerung der Kohle und von dem Fortschreiten der Tagebaue abhängig, da bei der Ausdehnung des gesamten Lausitzer Beckens eine vorzeitige Erschöpfung unwahrscheinlich, wenn auch nicht ganz ausgeschlossen ist. Die Ausdehnung und der Spiegelverlauf der Absenkungsstrecke werden interessante Aufschlüsse über den Abfluß unterirdischen Wassers und die dabei auftretenden Kennwerte geben. Da einzelne Tagebaue schon Jahrzehnte Grubenwasser fördern, ohne daß eine Verringerung des Grubenwasseranfalls bemerkbar wäre, müssen, wenn auch örtlich beschränkt, erhebliche Absenkungen des Grundwasserstandes eingetreten sein. Diese werden schon jetzt, aber auch nach Aufhören der Grundwasserentnahme aus dem Versickerungsanteil des V-Wertes wieder aufgefüllt und gehen damit dem Wasserkreislauf bis zum Zeitpunkt der restlosen Auffüllung verloren. Für diesen Zeitraum wäre dann mit einem erheblichen Rückgang der Spreewasserstände zu rechnen, der sich um so drastischer auswirkt, wenn gleichzeitig auch die Einspeisung von Grubenwasser an anderen Stellen entfällt. Diese durch den Abbau der Kohle bedingten Vorgänge legen auch für andere Stellen den Versuch nahe, durch Heranziehung solcher unterirdischer Speicher, die bis in das Gebiet der Lithosphäre reichen, einen langfristigen Wasserausgleich und damit eine Verbesserung der Bilanz herbeizuführen. Durch Heranziehung dieser Speicherung nur in Trockenjahren, gewissermaßen als Reserve, ist dann die Möglichkeit gegeben, den

Mittelwert des natürlichen Abflusses ständig sicherzustellen und diesen in der Bilanz einzuführen. Die damit zusammenhängenden Maßnahmen werden zwar hohe Kosten verursachen, aber eines Tages wird uns auch das teuerste Wasser noch willkommen sein, wenn wir überhaupt unseren Bedarf abdecken können.

In langen Zeiträumen gleichen sich die Werte B und R der Wasserhaushaltsgleichung aus, so daß die Größe V eindeutig als Verdunstung auftritt. Sie gliedert sich in die Landverdunstung und in die Pflanzenverdunstung (Transpiration), die in Mitteleuropa etwa im Verhältnis 1:2 zueinander stehen, wie aus dem Schema Abb. 1 hervorgeht; noch vor wenigen Jahren wurde dafür das Verhältnis etwa 1:1 angegeben. Unsere Kenntnisse über die Verdunstungsverhältnisse sind einerseits nur näherungsweise gesichert, andererseits treten hierbei sehr verwickelte gegenseitige Beeinflussungen auf, die durch die Art der Bedeckung, die Bodenverhältnisse, Bodenwinde, Durchlässigkeit, Erosion usw. verursacht sind. Die Auswirkungen einer verstärkten Bodenverdunstung durch Rodung und Monokultur sind in Nordchina, Persien, Mesopotamien, Nordafrika und in neuester Zeit in Nordamerika in der Steppenbildung in wenigen Jahren in Erscheinung getreten.

Zahlenangaben über eine mögliche Verringerung der unproduktiven Bodenverdunstung stehen allerdings nicht zur Verfügung. Ob sich derartige Einsparungen in einer Vergrößerung des Abflusses unmittelbar auswirken, kann ebenfalls nicht bewiesen werden. Es steht jedoch fest, daß in den letzten 70 bis 100 Jahren — solange reichen einigermaßen gesicherte fortlaufende Aufzeichnungen zurück — ein Rückgang unserer Abflüsse nicht nachweisbar ist, obwohl doch in dieser Zeit der landwirtschaftliche Anbau sich mindestens verdoppelt haben und damit die Pflanzentranspiration sich ebenfalls verdoppelt haben dürfte. Diese Erscheinung kann nur dadurch erklärt werden, daß man eine Einschränkung der unproduktiven Bodenverdunstung zugunsten der produktiven Pflanzentranspiration annimmt. Bei künftiger weiterer Steigerung der landwirtschaftlichen Produktion wird man dafür sorgen müssen, daß der hierfür benötigte Mehrwasserbedarf nicht aus dem Abfluß gedeckt wird. Zur Erzeugung von einem Kilo Trockensubstanz muß die Pflanze 0,5 bis 1 m^3 Wasser und darüber transpirieren. Der Landbau wird selbst zu einer möglichst wirtschaftlichen Verwertung des ihm zur Verfügung stehenden Wasserdargebotes durch Auswahl und Züchtung wenig transpirierender Pflanzen beitragen können und müssen. Professor Arland aus Leipzig hat mit seiner Anwelkmethode nachgewiesen, daß unter gewissen Bedingungen wassersparende Pflanzensorten die gleichen oder sogar höhere Erträge bringen können als wasserverschwendende Sorten [4]. Dem Umstand, daß die Pflanzendecke der größte Wasserverbraucher überhaupt ist, müßte in der Bilanz Rechnung getragen werden, indem das Wasserdargebot von der gefallenen Regenmenge aus betrachtet wird. Da aber zur Zeit und in nächster Zukunft die Verdunstungsgröße einer wirksamen menschlichen Beeinflussung entzogen ist, kann es für die Praxis der Bilanzierung bei der bisher angewandten Methode verbleiben. Der Landbau selbst wird sich jedoch darüber klar werden müssen, daß seinen Wünschen nach künstlicher Bewässerung Grenzen gezogen sein werden; die dafür benötigten Mengen können solche Ausmaße annehmen, daß dadurch das Wasserdargebot für Bevölkerung und Wirtschaft empfindlich verringert werden würde.

Überschaut man abschließend die Möglichkeiten zu einer Verbesserung der Wasserbilanz, dann kommt man zu dem Schluß, daß in Anbetracht der zu erwartenden Bedarfssteigerung alle greifbaren Maßnahmen zur Erhöhung, Rückhaltung und Speicherung des Abflusses und zur Verringerung des Wasserbedarfs herangezogen werden müssen, daß aber für unsere gegenwärtige Lage die wiederholte Verwendung des Wassers und damit aber auch eine vollständige Reinigung der Abwässer unerläßlich ist. Der wiederholten Verwendung sind jedoch auch dadurch Grenzen gezogen, daß beim jedesmaligen Gebrauch ein Verlust von 10—20%

eintritt; bereits nach 7- bis 10 maligem Gebrauch sind die verfügbaren Mengen bis auf die Hälfte und weniger reduziert.

Bei der raschen Zunahme der Bevölkerung und der stetigen Steigerung der Industrialisierung wird das Wasser sehr bald ein empfindlicher Engpaß für die weitere Entwicklung werden.

Literatur

[1] KARL LORENZ: Abwasserprobleme der Braunkohlenchemie. Akademie-Verlag 1957, Abhandlung der D. A. d. W. Berlin, Kl. f. Chemie, Geologie und Biologie, 1957, Nr. 1.

[2] Unser Wasser, VDG-Mitteilungen. Vereinigung Deutscher Gewässerschutz 1958, Nr. 3/4.

[3] GIESSLER: Das unterirdische Wasser. Deutscher Verlag der Wissenschaften. Berlin 1957.

[4] Prof. Dr. ARLAND, Leipzig: Dem Manuskript einer in Vorbereitung befindlichen Abhandlung entnommen.

ABHANDLUNGEN DER DEUTSCHEN AKADEMIE DER WISSENSCHAFTEN ZU BERLIN

Klasse für Chemie, Geologie und Biologie

Jahrgang 1958

Heft 1 Unter dieser Nummer erscheint keine Abhandlung

Heft 2 KLAUS SCHMIDT: Zur tektonischen Analyse des Sächsischen Erzgebirges
In Vorbereitung

Heft 3 PAUL RAMDOHR: Die Uran- und Goldlagerstätten Witwatersrand-Blind River District-Dominion Reef-Serra de Jacobina: Erzmikroskopische Untersuchungen und ein geologischer Vergleich
1958. 35 Seiten — 84 Abbildungen, davon 80 auf 19 Kunstdrucktaf. — 4° — DM 10,—

Heft 4 PAUL RAMDOHR: Weitere Untersuchungen über radioaktive Höfe und andere radioaktive Einwirkungen auf natürliche Mineralien
1958. 9 Seiten — 27 Abbildungen, davon 26 auf 7 Kunstdrucktafeln — 4° — DM 3,70

Heft 5 WINFRIED und RENATE REMY: Die Sporen von Dictyothalamus schrollianus Göppert
JEANNE DOUBINGER und WINFRIED REMY: Bemerkungen über Odontopteris subcrenulata Rost und Odontopteris lingulata Göppert
1958. 14 Seiten — 30 Abbildungen, davon 26 auf 5 Kunstdrucktafeln — 2 Tabellen — 4° — DM 4,70

Heft 6 ARNO SCHÜLLER: Metallisation und Genese des Kupferschiefers von Mansfeld
1959. 9 Seiten — 28 Abbildungen auf 14 Kunstdrucktafeln — 4 Anlagen — 4° — DM 4,70

Heft 7 GÜNTER MÖBUS: Der „Syenit" von Plowdiw in Bulgarien
1959. 34 Seiten — 25 Abbildungen, davon 7 auf 4 Kunstdrucktafeln und 1 als Ausschlagtafel — 3 Tabellen — 4° — DM 5,70

Heft 8 MANFRED LUSZNAT: Die tektonische Prägung der Metamorphen Zone des Südostharzes und das Problem ihrer Altersstellung. Herausgegeben vom Geologisch-Paläontologischen Institut der Friedrich-Schiller-Universität Jena. Direktor F. Deubel
1959. 72 Seiten — 16 Abbildungen im Text — 17 Abbildungen auf 8 Tafeln — 3 Karten — 4° — DM 12,—

Heft 9 JAROSLAV HEYROVSKÝ: Oszillographische Polarographie mit Wechselstrom
1959. 22 Seiten — 62 Abbildungen — 1 Tabelle — 4° — DM 4,20

Jahrgang 1959

Heft 1 PAUL OESTERLE: Aktuelle Probleme in der Abwasserhygiene
HANS HELMUTH WUNDSCH: Maßnahmen zur Reinhaltung unserer Gewässer im Rahmen des Ministerratsbeschlusses vom 15. März 1956
1959. 28 Seiten — 4° — DM 2,80

Heft 2 HERMANN JAEGER: Graptolithen und Stratigraphie des jüngsten Thüringer Silurs
In Vorbereitung

Heft 3 EBERHARD GRUMBT: Der Nordost-Rand des Thüringer Waldes zwischen Ruhlaer Kristallin und Schwarzburger Sattel
In Vorbereitung

Heft 4 RICHARD NIKOLAUS WEGNER: Der Schädel von dermo chelys coriacea Linné
Eine ausführliche Monographie des Schädelbaus dieser Schildkröte nebst Bemerkungen über andere Formen
In Vorbereitung

Heft 5 GÜNTHER KUNKEL: Meteorologisch-mikroklimatische Beobachtungen in Valdivia (Südchile)
In Vorbereitung

Heft 6 Vorliegendes Heft

Heft 7 HANS-DIETRICH KAHLKE: Die Cervidenreste aus den altpleistozänen Sanden von Mosbach (Biebrich-Wiesbaden)
Teil I: Die Geweihe, Gehörne und Gebisse
Mit einem Beitrag von cand. geol. K. A. Hühnermann
In Vorbereitung

Bestellungen durch eine Buchhandlung erbeten

AKADEMIE-VERLAG · BERLIN

Kolibri 360 GmbH
Ferdinand-Jühlke-Straße 7
99095 Erfurt, Deutschland
produktsicherheit@kolibri360.de